Daniel Dlouhy

Ausbreitung von Krankheiten in Folge des globalen Klimawandels

GRIN Verlag

Bibliografische Information der Deutschen Nationalbibliothek:

Die Deutsche Bibliothek verzeichnet diese Publikation in der Deutschen National-
bibliografie; detaillierte bibliografische Daten sind im Internet über http://dnb.d-
nb.de/ abrufbar.

Impressum:

Copyright © 2007 GRIN Verlag GmbH
Druck und Bindung: Books on Demand GmbH, Norderstedt Germany
ISBN: 978-3-640-24490-4

Dieses Buch bei GRIN:

http://www.grin.com/de/e-book/120179/ausbreitung-von-krankheiten-in-folge-des-
globalen-klimawandels

Inhaltsverzeichnis

1. Ausbreitung von Krankheiten als Folge des globalen Klimawandels – unterschätzte Gefahr oder unberechtigte Hysterie

Der erste (AR4) von insgesamt drei Teilbänden des vierten Sachbestandsberichtes des IPCCs lässt nun auf Grund von zahlreichen Beobachtungen und Messungen keinen Zweifel mehr an einem Klimawandel. Die globale Erwärmung und der Meeresspiegelanstieg haben sich beschleunigt, ebenso das Abschmelzen der Gletscher und Eiskappen.

Außer Diskussion steht mittlerweile auch, dass im weltweiten Durchschnitt menschliches Handeln seit 1750 das Klima erwärmt hat. Dieser Vorgang wurde vorrangig durch den fossilen Brennstoffverbrauch, die intensivierte Landwirtschaft und eine geänderte Landnutzung hervorgerufen (Internet 8).

Dass der Klimawandel Konsequenzen nach sich ziehen wird, steht außer Frage und wird aktuell in Medien breit diskutiert. Einige Szenarien könnten wie folgt aussehen: Die Ozeane werden sich erwärmen und die Gletscher schmelzen. Infolge dessen wird der Meeresspiegel steigen und Salzwasser die besiedelten Gebiete flacher Küstenregionen überfluten. Folglich werden sich die landwirtschaftlichen Zonen verschieben und das Wetter wechselhafter und extremer (z. B. Stürme, Dürren und Starkregen).

Weniger Beachtung in der Öffentlichkeit finden Sekundärfolgen, jedoch sind diese nicht minder schädlich. Ein Indiz dafür, der beunruhigenderweise bereits seine Bestätigung in der Realität gefunden, sind das häufigere Auftreten und die schnellere Ausbreitung von Krankheiten. Auf der anderen Seite kann ein Klimawandel durchaus auch günstige Effekte mit sich bringen. Demzufolge können sehr hohe Temperaturen in heißen Gegenden den Schnecken, welche die Schistosomiasis, eine parasitische Erkrankung, übertragen, den Garaus machen; milde Winter werden zu weniger Toten durch Erfrieren oder Atemwegserkrankungen führen; starke Winde können den Großstadtsmog durch frische Luft ersetzen. Doch werden mit ziemlicher Sicherheit die negativen Folgen überwiegen und sollten in keiner Weiser unterschätzt sowie vernachlässigt werden (Epstein 2002).

Die vorliegende Arbeit soll nun einen Überblick darüber geben, in wie weit der Klimawandel für die Ausbreitung verschiedener Krankheiten verantwortlich ist oder sein kann, welche Krankheiten oder gesundheitliche Schäden davon am meisten betroffen sind und was man dagegen unternehmen kann, um die Verbreitung aufzuhalten beziehungsweise einzudämmen oder zu kontrollieren.

2. Themenrelevante Klimaänderungen

Unter diesem Punkt werden ausschließlich für die Ausbreitung von Krankheiten verantwortliche Veränderungen des Klimas erläutert. Hierbei soll auch verdeutlicht werden, in wie weit diese bereits fortgeschritten sind beziehungsweise Einfluss auf die Verbreitung hatten und voraussichtlich noch haben werden.

2.1 Globaler Temperaturanstieg

Die wohl für die Ausbreitung von Krankheiten ausschlaggebendste Klimaänderung soll nun gleich zu Beginn behandelt werden, da die beiden im folgenden erwähnten mehr oder weniger damit zusammenhängen beziehungsweise darauf aufbauen. Unser Klima verhielt sich in den letzten 1.000 Jahren mehr oder weniger stabil, bis vor ungefähr 150 Jahren mit der expandierenden Industrialisierung die globale Lufttemperatur zunahm (Alley 2006). Hauptsächlich kann hierfür der Anstieg der Treibhausgaskonzentration in der Atmosphäre verantwortlich gemacht werden, welcher weitgehend durch die Verbrennung fossiler Brennstoffe verursacht wird (Latif 2007). Hierbei wird der „natürliche Treibhauseffekt" mittels vom Menschen hinzugefügter Treibhausgase verstärkt, was zur Folge hat, dass sich die Erdoberfläche und die untere Atmosphäre erwärmen. Dieser Vorgang wird als „anthropogener Treibhauseffekt" bezeichnet. Schuld für die systematische Zunahme langlebiger Treibhausgase wie zum Beispiel Kohlendioxid, Methan, der Flurchlorkohlenwasserstoffe und Distickstoffoxid sind zu 50 % die Verbrennung fossiler Brennstoffe, zu 20 % die die Chemieproduktion, zu 15 % die Landwirtschaft und zu 15 % die Vernichtung der Wälder. Die letzten 100 Jahre hat sich die mittlere globale Temperatur um 0,8 °C erhöht, davon die letzten 30 Jahre allein um 0,6 °C. Das Jahrzehnt von 1990 bis 1999 war das wärmste der letzten 1.000 Jahre und das Jahr 2005 das wärmste seit Beginn der Messungen. Da das Klima infolge seiner Trägheit auf äußere Anregungen immer mit einer Zeitverzögerung von einigen Jahrzehnten reagiert, kann davon ausgegangen werden, dass heutzutage noch nicht die vollen Ausmaße des anthropogenen Klimawandels zu beobachten sind. Das Temperaturverhalten seit 1880 ist nicht kontinuierlich gestiegen, sondern zeigt eine große Schwankungsbreite (siehe Abb. 1). Dieses Verhalten zeigt, dass nicht nur allein der Mensch für die Temperaturerhöhungen zu verantworten ist, sondern dass es eine Vielzahl weiterer Faktoren gibt, die auf unser Klima einwirken. Jedoch ist die rasante Erwärmung der letzten Jahrzehnte ein wesentliches Indiz dafür, dass der Mensch zum entscheidenden Faktor wird. Somit kann mit über 95 prozentiger Wahrscheinlichkeit gesagt werden, dass die

Temperaturerhöhungen der letzten Jahre vor allem anthropogen verursacht wurden (Latif 2007).

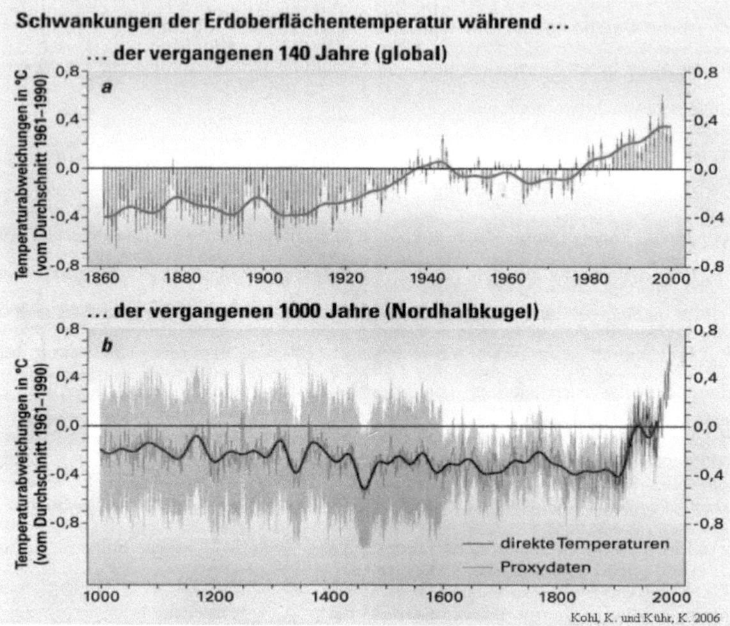

Abb. 1: Oberflächentemperaturschwankungen der letzten 140 und 1 000 Jahre

Neben dem unmittelbarem Risiko für die Gesundheit der Menschen, das von einer Temperaturerhöhung mit einhergehenden intensiveren und längeren Hitzewellen ausgeht, begünstigt diese vor allem die Verbreitung von Krankheiten, welche durch so genannte Vektoren (lebende Überträger einer Krankheit) übertragen werden, wie zum Beispiel Malaria, Dengue-Fieber, Gelbfieber und verschiedene Arten von Hirnhautentzündung. Stechmücken beispielsweise reagieren unter anderem sehr empfindlich auf Temperatur. Da Frost sowohl Eier, Larve als auch erwachsene Tiere tötet, grenzt Kälte Mücken auf wärmere Jahreszeiten und Regionen ein. Auch starke Hitze vernichtet Mücken, doch wenn sie diese nicht umbringt, vermehren sie sich umso schneller und stechen umso öfter. Zum anderen fördern sehr warme Temperaturen die Entwicklung beziehungsweise den Lebenszyklus der Krankheitskeime, was eine schnellere Infektion der Vektoren herbeiführt. Sowie Temperaturen in ganzen Landstrichen zunehmen, dringen Stechmücken mitsamt Parasiten in zuvor unzugängliche Regionen vor und sind folglich auch in bereits vorherrschenden Gebieten durch mildere Nächte und Winter noch präsenter (Epstein 2002).

2.2 Veränderung der Niederschläge

Neben der globalen Erwärmung spielt die mitunter dadurch verursachte Veränderung der Niederschläge eine sehr große Rolle bei der Verbreitung von Krankheiten. Mit der Temperaturzunahme ist nämlich ein verstärkter Wasserdampftransport von den Ozeanen zu den Kontinenten verbunden. Folglich handelt es sich um eine Intensivierung des Wasserkreislaufes, der zu einer durchschnittlichen Zunahme von Niederschlägen über den Landregionen führt. Als Beispiel hierfür steigen die Niederschlagssummen in den hohen Breiten und in Teilen der Tropen, während regenärmere Tropen weiter austrocknen (Latif 2007). Dass die geographischen Unterschiede eines Anstiegs der Niederschläge erheblich sein können, beweist zum Beispiel die Sahelzone in Afrika. Dort ist im Gegensatz zu Teilen Australiens, Nordamerikas oder Nordeuropas (Niederschlagsanstieg um 30 Prozent) der Niederschlag im vergangenen Jahrhundert um 50 Prozent gefallen (siehe Abb. 2). In den hohen Breiten bewirkt eine stärkere Verdunstung in äquatornäheren Regionen einen Feuchtigkeitstransport in Richtung Pole und somit intensivierte Niederschläge.

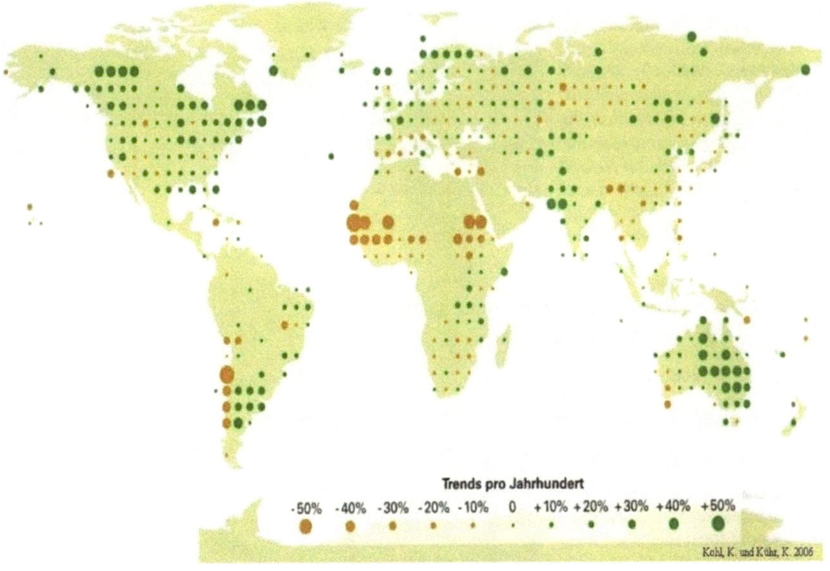

Abb. 2: Jährliche Niederschlagstrends von 1900 bis 1999

Nach Schätzungen des IPCCs ist in der zweiten Hälfte des 20ten Jahrhunderts die Niederschlagsmenge in den mittleren und höheren Breiten der Nordhalbkugel um 2 bis 4 Prozent gestiegen. Global konnte im 20ten Jahrhundert eine Niederschlagszunahme um 5 bis 10 Prozent im Mittel gemessen werden (Kohl & Kühr 2006). Entscheidend dabei ist, dass nicht die Niederschlagshäufigkeit zugenommen hat, sondern die Niederschlagsintensität. Im Zusammenhang hiermit konnten im oben genannten Zeitraum des weiteren ein Anstieg von extremen Wettersituationen wie Starkregen, Stürme, Trockenheit oder Dürren beobachtet werden. In den USA fallen auf diese Weise 10 Prozent der Niederschläge bei heftigen Schauern mit Regenmengen von mindesten 50 mm am Tag, wobei es im letzten Jahrhundert lediglich 8 Prozent waren. Nicht nur die Niederschlagsmenge, sondern auch die Niederschlagsart verändert sich. In Übergangsregionen wie den mittleren USA und Mitteleuropa wird es immer weniger schneien oder schließlich überhaupt nicht mehr (Karl, Nicholls & Gregory 2002).

Da Starkniederschläge und Trockenperioden heftiger ausfallen und rascher aufeinander folgen, wird die Verbreitung von Infektionskrankheiten gefördert. Diesen ist, nachdem sie erst einmal in einer Region Fuß gefasst haben, nur noch sehr erschwert entgegen zu wirken. Derartige Extremwetterereignisse begünstigen zum Beispiel die Vermehrung von Mücken, indem bei Überschwemmungen Lachen oder bei Dürrezeiten Tümpel als perfekte Brutstätten hinterlassen werden. Die Eier von Mücken überstehen lange Trockenheit in einer Art Ruhezustand und können nur in einem stehenden Gewässer schlüpfen und sich weiterentwickeln. Eine Dezimierung der Fressfeinde durch den Klimawandel (Temperaturanstieg und Niederschlagsveränderung) oder anthropogener Eingriffe in die Umwelt, führen des Weiteren zu einer explosionsartigen Vermehrung (Epstein 2002).

2.3 Anstieg des Meeresspiegels

Als letzter wichtiger Faktor für die Ausbreitung von Krankheiten ist der Anstieg des Meeresspiegels zu nennen. Dieser Vorgang stellt besonders für die heutigen Küstenregionen eine große Gefahr dar, weil ungefähr die Hälfte der Weltpopulation in Küstennähe lebt. Gerade die am tiefsten gelegenen gehören zu den fruchtbarsten und somit auch zu den am dichtesten besiedelten, wie zum Beispiel Bangladesh und ähnliche Deltagebiete, die Niederlande und die kleinen flachen Inseln im Pazifik und in den anderen Ozeanen (Houghton 1997).

Der Meeresspiegelanstieg kann verschiedene Ursachen wie zum Beispiel geologische oder klimatologische Veränderungen haben. Jedoch spielt der anthropogene Treibhauseffekt dabei eine immer größere Rolle. Ein globaler Temperaturanstieg bewirkt natürlich auch eine Erwärmung des Meerwassers, was eine Ausdehnung der Wassersäule mit sich bringt und somit den Meeresspiegel ansteigen lässt. Diese thermische Expansion kann theoretisch, falls sich die Wassersäule um 1° C erhöht, einen Anstieg um 50 cm ausmachen. Der Wert soll an dieser Stelle nur als Größenordnung für die thermische Ausdehnung angegeben werden. Eine derartige gleichmäßige Erwärmung der gesamten Wassersäule in kurzer Zeit ist sehr unrealistisch, da sich der tiefe Ozean viel langsamer erwärmt, als die Ozeanoberfläche. Bislang erhöhte sich im vergangenen Jahrhundert der Meeresspiegel um 10 bis 20 cm, aufgrund der Ausdehnung des Wassers.

Eine weitere tragende Rolle könnten die großen Eisschilde wie die Antarktis und Grönland spielen. Hier gibt es zwar noch keine eindeutigen Beobachtungen, dass es sich um ein langfristiges Abschmelzen handelt, trotzdem sind die momentanen Schmelzraten enorm (Latif 2007). Seit 1950 ging zum Beispiel die Dicke des arktischen Eisschildes um 10 bis 15 Prozent zurück. Nicht nur die Eismassen auf dem Wasser, sondern auch die Inlandeismassen sowie Gebirgsgletscher haben vor etwa 100 Jahren begonnen extrem stark abzuschmelzen. Falls sie vollständig verschwinden sollten, würden sich die Ozeane um einen halben Meter heben. Ein Vorgang der das Abschmelzen noch weiter verstärkt ist, dass sich zum Beispiel Russpartikel auf der Schneeoberfläche ablagern und somit das Rückstrahlvermögen (Albedo) verringern. Verbunden damit ist auch ein Rückgang der Schneebedeckung auf der nördlichen Erdhalbkugel seit 1960 um 10 Prozent. Beide Ereignisse führen zu einer positiven Rückkopplung und einer weiteren Erwärmung (Kohl & Kühr 2006).

Da nun aufgrund eines Anstiegs des Meeresspiegels viele dicht besiedelte Regionen überschwemmt werden können, sind zunehmend Krankheiten, die mittels verunreinigten Wassers übertragen werden, wie zum Beispiel Cholera, auf dem Vormarsch. Durch Küstenüberschwemmungen werden Abwasser und darin enthaltene Krankheitskeime in die Trinkwasserversorgung gespült. Dünger wird in Wasservorräte gemischt und lässt in Verbindung mit Abwässern und hohen Temperaturen schädliche Algen entstehen. Deren negative Dämpfe nehmen direkten Einfluss auf die menschliche Gesundheit, während deren giftige Bestandteile oftmals indirekt über Muscheln oder Fische in den menschlichen Körper gelangen. Große Algenbestände begünstigen wiederum die Vermehrung verschiedener Krankheitserreger (Epstein 2002).

3. Auswirkungen des Klimawandels auf die Ausbreitung bestimmter Krankheiten und die gesundheitlichen Folgen für den Menschen

Durch den anthropogenen Klimawandel werden zum ersten Mal in der menschlichen Geschichte selbst verursachte globale Umweltveränderungen für eine Zunahme von Krankheiten und Todesfällen in einigen Regionen verantwortlich sein. Die gesundheitlichen Folgen können in direkte und indirekte Wirkungspfade unterteilt werden (Internet 1).

3.1 Direkte Auswirkungen auf den Menschen

Unter diesem Punkt werden die unmittelbaren Folgen von Klimaänderungen auf den menschlichen Organismus aufgeführt. Extreme Temperaturen, Strahlungswirkungen sowie Allergien und Atemwegserkrankungen sind die am häufigsten prognostizierten Gesundheitsgefährdungen die im direkten Zusammenhang mit dem anthropogenen Klimaänderungen stehen.

3.1.1 Gesundheitsrisiken infolge von Hitzeeinwirkung

Dass sich die Temperaturen auf der gesamten Welt seit einiger Zeit verändert haben und sich in nächster Zeit weiterhin verändern werden steht heute außer Zweifel. Die damit verbundenen Temperaturanstiege sowie mit einhergehende Hitzewellen wirken sich durchaus negativ auf die menschliche Gesundheit aus. Besonders betroffen sind ältere Menschen, Kleinkinder und kranke Menschen. Aber auch sozial schwache Menschen, wie zum Beispiel die Bewohner von Entwicklungsländern, die weder Ventilatoren, Klimaanlagen noch kühlende Wohnräume als Schutz vor der Hitze besitzen, gehören zu den Risikogruppen. Gesunde Erwachsene Menschen hingegen verfügen über genügend Abwehrmechanismen, um einen begrenzten Temperaturanstieg unbeschadet zu überstehen. Neben Windstille sind hohe Luftfeuchtigkeit und intensive Sonneneinstrahlung durch Wolkenlosigkeit weitere Faktoren, welche die Hitzewirkung verstärken (Internet 1). Auf diese Weise fordern unter den Wetterereignissen die Hitzeperioden jährlich mit Abstand die höchste Anzahl an Menschenleben (siehe Abb. 3). Die häufigste Todesursache dabei ist eine Überforderung des Herz-Kreislauf-Systems oder schlichtweg Hitzschlag. (Internet 2).

Ein besonders gefährliches Wetterereignis für das menschliche Wohlbefinden stellen Hitzwellen dar. Sie werden gekennzeichnet durch erhöhte Luftfeuchtigkeit und städtische Luftverschmutzung. Wobei letzteres die Gesundheit von Stadtpopulation im Gegensatz zu suburbanen oder ländlichen Regionen zusätzlich gefährdet, da sich in den Städten Hitzeinseln bilden und die eine nächtliche Abkühlung weitgehend ausbleibt (Internet 7).

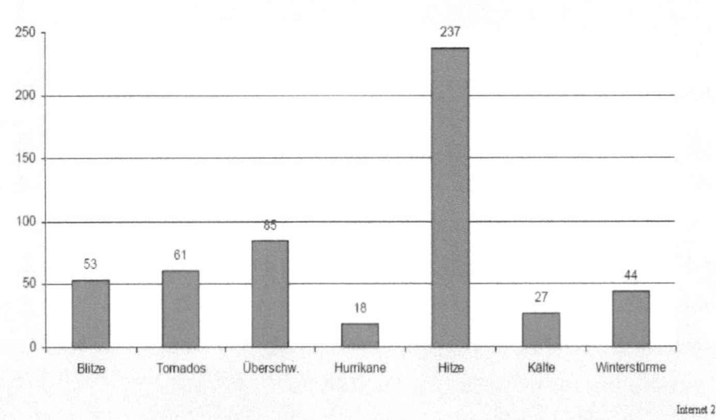

Abb. 3: Mittlere jährliche Zahl der Todesfälle durch Wetterereignisse (USA 1947-2003)

Die Nachttemperaturen sind für die hohe Mortalitätsrate bei Hitzewellen ausschlaggebender als die Tagestemperaturen. Da sich die Nächte nur noch sehr gering abkühlen, kann sich der menschliche Körper in seiner Ruhephase kaum erholen, was zu einer Überlastung führen kann. Demnach starben bei einer Hitzewelle im Jahr 2003 mehr als 35.000 Menschen in Europa. Allein in Deutschland mussten circa 7.000 Menschen ihr Leben lassen, während es Frankreich mit circa 15.000 Todesopfern am stärksten traf. Der europäische Kontinent wurde unterschiedlich betroffen. Speziell die südlichen Länder Europas, vor allem Norditalien, Spanien, Frankreich und Portugal waren am stärksten betroffen. In Alentejo, im Süden Portugals wurde ein historischer Höchststand von 47,3 °C gemessen. Die gefühlte Temperatur lag dabei in weiten Teilen Europas in der ersten Augusthälfte über 32 °C, was durchgehend eine hohe Hitzebelastung zur Folge hatte (Internet 2). Da allgemein bei Hitzewellen sehr viele Kranke Menschen sterben, wird deren Tod oftmals vorweggenommen. Entsprechend fällt die Mortalitätsrate danach wieder. Nach Studien in den USA betrifft dies 20 bis 40 Prozent der Todesfälle während einer Hitzeperiode. Auch Untersuchungen in Baden-Württemberg zeigen für den Zeitraum von 1968 bis 1993 einen Anstieg der Mortalitätsrate bei extremer Wärmebelastung um 10 Prozent und einen Rückgang um fast 3 Prozent in den darauf folgenden 40 Tagen. (Internet 1).

Die zu erwartende Erwärmung ist unregelmäßig und erreicht ihre höchsten Werte nachts, im Winter und in den Breitengraden oberhalb von 50 Grad. Obwohl es in den Wintern weniger Tote durch Kälteeinwirkung geben wird, werden in den wärmeren Jahreszeiten jedoch die Menschen, die der Hitze zum Opfer werden mit Abstand überwiegen. In einigen Orten wird sich die Todeszahl durch direkte Hitzeeinwirkung bis zu Jahr 2020 vorrausichtlich verdoppeln (Epstein 2002).

3.1.2 Allergien

Laut dem Allergie-Centrum-Charité (ACC) in Berlin, leiden in Europa 30 Prozent der Bevölkerung an den Symptomen einer Allergie - juckender Haut, laufenden Nasen, zugesetzten Bronchien und verquollenen Augenlidern. Diese Zahl könnte sich als Folge der globalen Klimaänderungen auf bis zu 50 Prozent im Jahr 2010 erhöhen. Ein höherer Kohlenstoffgehalt in der Luft regt die Pflanzen an, mehr Pollen zu produzieren. Untersuchungen des „Beifußblättrigen Traubenkrauts" („Ambrosia Atemisiifolia", siehe Abb. 4), das Mitte des 19ten Jahrhunderts aus den USA nach Deutschland und Mitteleuropa eingeschleppt wurde, zeigen, dass die Blüten- und somit auch die Pollenproduktion bei doppeltem Kohlenstoffgehalt der Luft um bis zu 55 Prozent gegenüber normalen Bedingungen ansteigt. Ein Exemplar des Traubenkrauts kann bis zu einer Milliarde Pollen produzieren, die so aggressiv sind, dass schon kleinste Mengen von 5 Pollen pro Kubikmeter Luft ausreichen, um bei empfindlichen Personen eine allergische Reaktion auszulösen. 75 Prozent der Menschen, die bereits unter einer Allergie leiden, reagieren auch auf Ambrosia Pollen (Internet 5).

Abb. 4: Ambrosia Atemisiifolia

Als weiterer Faktor bestimmt die zunehmende globale Erwärmung das Pflanzenwachstum, indem sie die Dauer des Pollenfluges verlängert. Auf diese Weise hat sich zum Beispiel in den letzten 24 Jahren die Blühdauer von Birken in Deutschland um acht Tage verlängert. Falls die Belastungen, die von einem länger andauernden Pollenflug ausgehen, immer weiter steigen, kann dies zu einer höheren Zahl an Allergikern führen (Internet 4).

3.1.3 Krankheiten infolge atmosphärischer Ozonbildung und dessen Abbau

Zunächst soll unter diesem Punkt die Gefährlichkeit der Zunahme von bodennahem Ozon für die menschliche Gesundheit wiedergegeben werden. Bodennahes Ozon entsteht durch photochemische Reaktionen - das heißt, dass die Energie für die chemische Umsetzung aus dem Sonnenlicht kommt - so genannter Vorläuferverbindungen. Zu diesen gehören zum Beispiel Stickstoffdioxid oder flüchtige organische Verbindungen (VOC, „volatile organic compounds"), wie Olefine, Aromaten oder auch Kohlenmonoxid. Die Hauptquellen für Stickstoffoxide sind der Verkehr mit 60 Prozent und Feuerungsanlagen der Industrie und der Kraftwerke mit ungefähr 30 Prozent. VOCs entstehen hauptsachlich zu 60 Prozent aus Lösungsmitteln wie zum Beispiel Farben und Lacken, und zu 25 Prozent aus dem Kraftfahrzeugverkehr beziehungsweise aus dessen Kraftstoffen. Hohe Temperaturen und Windstille sorgen besonders in den Ballungsgebieten für eine erhöhte Ozonproduktion an strahlungsreichen Sonnentagen im Sommer. Deren höchste Konzentration kann nachmittags zwischen 13 Uhr und 19 Uhr gemessen werden. Der anthropogene Treibhauseffekt begünstigt demnach wiederum diese Vorgänge.

Ozon ist ein Giftgas, deshalb wirkt es auf Schleimhäute und Augen von Menschen reizend und dringt über das Lungengewebe bis in die Lungenbläschen ein, was bei kurzzeitiger Belastung zu Hustenreiz, geringerer körperlicher Leistungsfähigkeit und verminderter Lungenfunktion führen kann. Bei langfristiger Belastung sind chronische Atemwegserkrankungen wie Asthma oder Bronchitis nicht auszuschließen. Aufgrund des gesundheitlichen Risikos bei Ozonanstieg wurden von der europäischen Union Schwellenwerte eingeführt, bei deren Überschreitung bestimmte Maßnahmen für die Bevölkerung getroffen werden. Zum Beispiel wird bei einem Schwellenwert von mehr als 180 Mikrogramm pro Kubikmeter die Bevölkerung von erhöhten Ozonwerten unterrichtet oder bei einer Überschreitung von 240 Mikrogramm pro Kubikmeter Ozonwarnungen heraus gegeben. In den Jahren von 1992 bis 2003 wurden bis auf den Jahrhundertsommer 2003 immer weniger Tage mit Überschreitungen der verschiedenen Schwellenwerte beobachtet (siehe Abb. 5). Deren Rückgang kann zum Beispiel durch die Einführung von Katalysatoren erklärt werden. Ob sich dieser Trend auch in Zukunft fortsetzen wird, ist zu einem entscheidenden Teil von den Klimaänderungen abhängig (Internet 3).

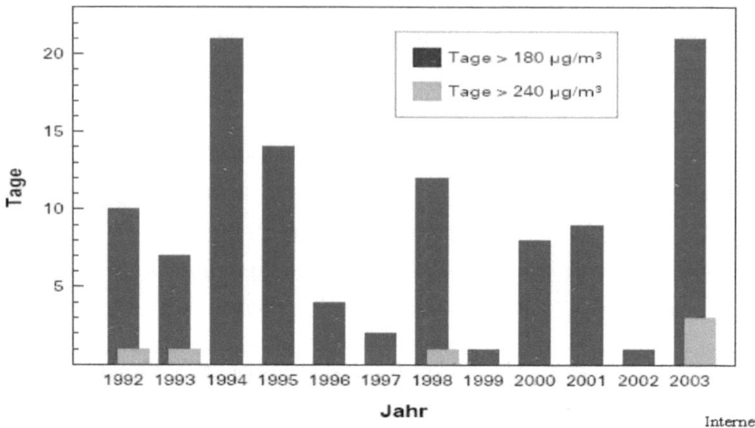

Abb. 5: Entwicklung der Ozonkonzentration in Bayern 1998-2003

Ein weiterer Faktor, der Einfluss auf die menschliche Gesundheit hat, ist der Ozonabbau in der Stratosphäre (Schicht in 10 bis 50 Kilometer Höhe). Dort wird speziell die für den Menschen schädliche UV-B Strahlung mit Wellenlängen von unter 242 Nanometern aus dem ultraviolettem Licht gefiltert. Die Ozonschicht wird jedoch durch den Menschen verursachten Ausstoß von FCKWs (Fluor-Chlor-Kohlenwasserstoffe) abgebaut. Folglich kann seit etwa 1980, jedes Jahr mit zunehmendem Ausmaß, über der Antarktis eine schnelle Abnahme der Ozonkonzentration in der Stratosphäre beobachtet werden (siehe Abb. 6). Diese Ausdünnung der Ozonschicht bezeichnet man als „Ozonloch". Wiederum bestärkt der anthropogene Treibhauseffekt dieses Phänomen, indem er, hingegen einer Erwärmung der unteren Luftschichten, eine Abkühlung der Stratosphäre hervorruft. Auf diese Weise werden die Bedingungen für die Entstehung von polaren Stratosphärenwolken, auf deren Oberflächen die Abbaureaktionen des Ozons stattfinden, verbessert. Außerdem verursacht eine globale Erwärmung eine Änderung der stratosphärischen Luftzirkulation, insbesondere eine Verstärkung des winterlichen Polarwirbels der Nordhemisphäre. Dass die Unterschiede zwischen den beiden Polargebieten verringert werden, liegt zum einen an der stratosphärischen Abkühlung, zum anderen aber auch an der Änderung der Zirkulation. Beides zusammen hebt die Wahrscheinlichkeit für die Bildung eines Ozonlochs über der Arktis deutlich an. Schließlich fördern auch troposphärische Hochdruckgebiete den Ozonabbau, indem sie die Tropopause und dadurch auch die Stratosphäre mit samt der Ozonschicht anheben. Da der Ozonabbau in größeren Höhen stärker ist, wird die Ozonschicht über jedem Hochdruckgebiet etwas dünner (Latif 2007).

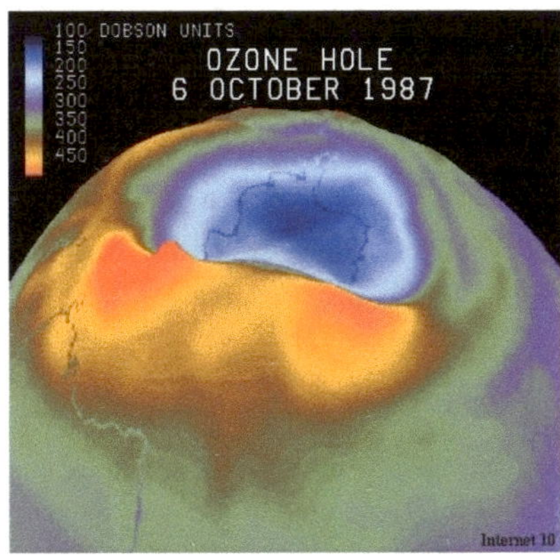

**Abb. 6: Ozonloch über der Antarktis am
6. Oktober 1986**

Die UV-B Strahlung wirkt sich beim Menschen insbesondere auf die Haut und die Augen aus. Kurzzeitige intensive Bestrahlung kann oftmals Sonnenbrand, Brandblasen oder absterbendes Gewebe als Folgen haben, die nur vorübergehende Ausmaße annehmen. Des Weiteren kann eine lange UV- Bestrahlung irreversible Veränderungen der Haut mit Spätfolgen wie zum Beispiel Faltenbildung und bleibende Gefäßerweiterungen verursachen. Die wohl gefährlichste Krankheit in diesem Zusammenhang sind jedoch verschieden Arten von Hautkrebs. Eine der häufigsten Formen ist das besonders bösartige maligne Melanom (schwarzer Hautkrebs), an dem in Deutschland pro 100.000 Einwohner jährlich 12 Menschen neu erkranken. Darüber hinaus sind noch das Basalzellkarzinom und das Plattenepitelkarzinom zu erwähnen, die durch sie hervorgerufene Sterblichkeitsrate im Gegensatz zu 20 Prozent des malignen Melanoms lediglich bei einem Prozent liegt. Die Bewohner der mittleren Breiten auf der südlichen Hemisphäre sind von den Erkrankungen am meisten betroffen, zumal aufgrund der geringen Entfernung zwischen Sonne und Erde im jeweiligem Sommerhalbjahr die UV Strahlung um 10 bis 15 Prozent höher ist als in den mittleren Breiten der nördlichen Erdhalbkugel (Internet 1).

3.2 Indirekte Auswirkungen auf den Menschen

Neben eben erläuterten, direkten Auswirkungen, werden wahrscheinlich die indirekten Folgen wie die Verbreitung von Infektionskrankheiten (zum Beispiel Malaria, Cholera, das West- Nil- Virus oder das Dengue- Feber) in Zukunft eine größere Bedeutung haben. Hier ist vor allem an Krankheiten zu denken, die durch verschiedene Überträger (Vektoren) wie Insekten und Nagetiere, verursacht werden. Dabei darf aber auch nicht der Einfluss des anthropogenen Klimawandels auf die Wasserqualität vernachlässigt werden, der ebenso zur Ausbreitung von gefährlichen Krankheiten führen kann.

3.2.1 Cholera

Von größter Bedeutung für die menschliche Gesundheit sind die Menge und die Qualität des zur Verfügung stehenden Wassers. Letzteres kann der globale Klimawandel aufgrund der steigenden Temperaturen und durch Starkregen oder Meeresspiegelanstieg drohenden Überschwemmungen stark beeinflussen. Aber auch Trockenperioden bewirken paradoxerweise eine hohe Infektionsrate über das Wasser verbreiteter Erreger, indem sich in Zeiten des Wassermangels Verunreinigungen konzentrieren, welche normalerweise bis zur Harmlosigkeit verdünnt würden. Darüber hinaus können zum Beispiel Dünger, die unter Wasservorräte gespült werden, das Algenwachstum fördern, was wiederum die Vermehrung verschiedener Krankheitserreger, darunter auch der Cholera- Erreger („vibrio cholerae"), unterstützt (Epstein 2002). Cholera (Gallenbrechdurchfall) ist eine bakterielle Infektionskrankheit, die vorwiegend den Dünndarm befällt. Demzufolge sind extremes Erbrechen und starker Durchfall die Folgen, welche zu einer Austrocknung des Körpers („Exikkose") führen können. Gerade Durchfallerkrankte, die besonders große Wasserverluste erleiden und verschärften Hygienevorschriften unterliegen müssen, benötigen viel dringender sauberes Wasser als Gesunde. Die Cholera- Erreger finden sich vor allem in Fäkalien, sowie in Fluss- und Meerwasser, das mit Fäkalien belastet ist. Dadurch werden Fische oder andere Nahrungsquellen, die aus belasteten Gewässern stammen, ebenso zu potentiellen Überträgern. Die Ausbreitung der Krankheit beschränkt sich weitgehend auf die armen Länder der Welt, in denen Trink- und Abwassersysteme nicht von einander getrennt sind und in denen schlechte hygienische Bedingungen herrschen (siehe Abb. 7). In den Industrieländern ist meist eine ausreichende und hygienisch, einwandfreie Versorgung gewährleistet, so dass Cholerafälle sehr selten sind (Internet 6).

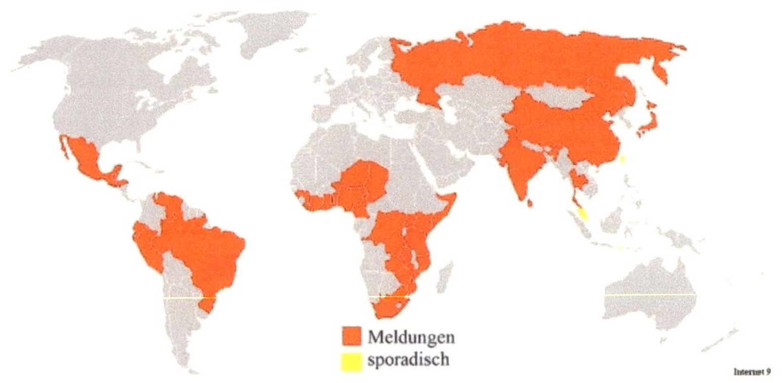

Abb.7: Choleraverbreitung auf der Welt (Stand 2004)

3.2.2 Zecken

In Deutschland werden die meisten Vektorkrankheiten durch Zeckenbisse übertragen. Die Frühsommer-Meningo-Enzephalitis (virale Infektion) auch unter der Abkürzung FSME bekannt und die Lyme-Borrelliose (bakterielle Infektion), sind dort die beiden Krankheiten, die am häufigsten von Zecken übertragen werden. Jedoch sollte auch nicht vergessen werden, dass neben diesen, insgesamt über 50 verschiedene Infektionen wie zum Beispiel Babesiose, Ehrlichiose, Fleckfieber oder das Krim-Kongo-Fieber, durch die Spinnentiere weitergegeben werden können. FSME breitet sich in Deutschland, trotz eines vorhandenen Impfstoffes, immer weiter von Süd nach Nord aus (siehe Abb. 8). Sie ist für den Menschen das gefährlichste Leiden, das von Zecken übertragen werden kann und welches zu Erkrankungen der Hirnhaut, des Gehirns oder des Rückenmarks führen und durchaus tödlich sein kann.

Abb. 8: FSME-Verbreitungsgebiete in Deutschland
(Stand April 2007)

Zecken, wie der in Deutschland am weitesten verbreitete „Gemeine Holzbock" (Ixodes Ricinus), werden erst bei Temperaturen von 8 bis 10 °C aktiv und benötigen eine hohe Luftfeuchtigkeit, damit ihre Eier nicht austrocknen (Internet 2). Auch milde Winter steigern die Überlebenschancen von Zecken und ihren Wirtstieren (kleinere Nager und Rotwild). Dadurch kann die Übertragungsintensität auf einem sehr viel höheren Niveau ansetzen, zumal kein Neuaufbau der Population notwendig ist. Infolge des globalen Klimawandels ist daher das Vorkommen der Zecken und somit auch der Krankheiten in den letzten zwei Jahrzehnten europaweit gestiegen.

Ein früherer Frühlingsbeginn und ein späterer Winterbeginn mit relativ milden Temperaturen ermöglichte sogar eine Ausweitung der Parasiten bis nach Skandinavien (siehe Abb. 9). Ein Grund dafür war zum Beispiel, dass sich in Schweden die Zahl der Frosttage pro Jahr, an denen weniger als -7 °C herrschten, seit 1960 bis 1990, von 40 auf 11 Tage verringerte (Internet 1)

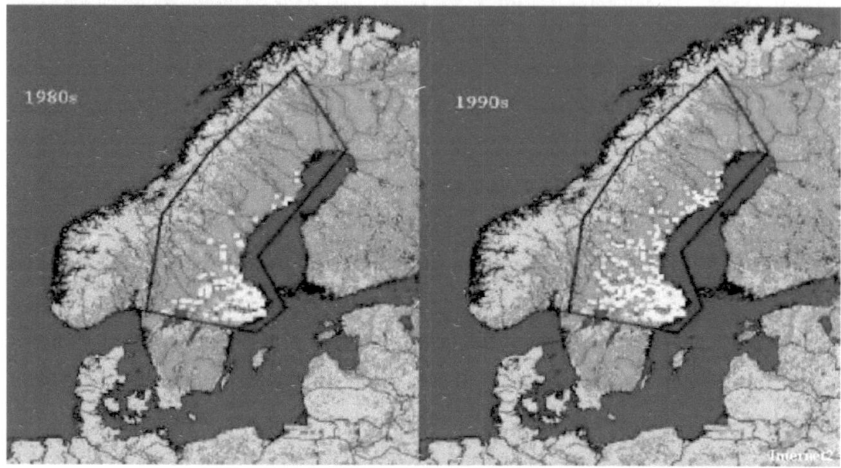

Abb. 9: Zeckenausbreitung in Schweden zwischen 1980 und 1990

Die aktuelle Klimaproblematik lässt jedoch nicht nur eine Verbreitung der bereits vorhandenen Zeckenarten zu, sondern hilft auch dabei, dass sich neue Zeckenarten zum Beispiel in Deutschland ansiedeln können. Schon in den siebziger Jahren konnten dort vereinzelte Exemplare der „Auwaldzecke" („dermacentor reticulatus") immer wieder gesehen werden, doch nun scheint sie sich endgültig in einigen Regionen fest eingenistet zu haben (siehe Abb. 10). Dieses Spinnentier ist ungefähr dreimal so groß wie eine gewöhnliche Waldzecke. Ein vollgesogenes Weibchen erreicht Längen von bis zu zwei Zentimetern. Es bevorzugt überwiegend Feuchtgebiete und ist vor allem in den süd- und osteuropäischen Ländern weit verbreitet. Dort ist sie hauptsächlich Überträger von Fleckenfieber und Hundebabesiose. In Deutschland hingegen enthalten 40 Prozent der Auwaldzecken Rickettsien (Bakterien), die von harmlosen Haut- und Lymphknotenveränderungen bis hin zu hohem Fieber und potentiell tödlich verlaufenden Herzmuskelentzündungen verursachen können. Die Auwaldzecke ist möglicherweise nur die Vorhut einer Reihe fremder Zeckenarten, die künftig in Deutschland heimisch werden könnten (Hackenbrock 2007).

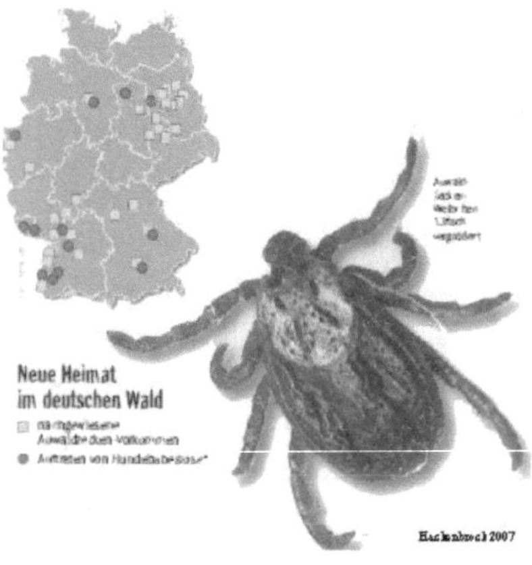

Abb. 10: Auwaldzecken und deren bisheriges Vorkommen in Deutschland

3.2.3 Malaria

Das wohl momentan in der Öffentlichkeit am meisten diskutierte Thema in Bezug auf die Verbreitung von Krankheiten infolge des Klimawandels, ist die Ausweitung der Malaria gefährdeten Gebiete. Wegen der globalen Erwärmung, ist zu befürchten, dass sich die Zone der potentiellen Verbreitung bis Ende des 21. Jahrhunderts erheblich ausdehnen wird und dann anstatt 45 Prozent (Stand 2002), wahrscheinlich 60 Prozent der Weltbevölkerung betreffen wird. Das Risiko an Malaria zu erkranken wird folglich bis zum Jahr 2020 in vielen Teilen der Erde ansteigen (siehe Abb. 11). Bereits Heute schon kann ein Wiederaufflammen der Krankheit nördlich und südlich der Tropen zum Beispiel in Nordarmerika (Texas, Florida, Georgia, New York, Toronto, Michigan, New Jersey), auf der koreanischen Halbinsel, in Südeuropa, an der Ostküste Südafrikas und in Teilen der früheren Sowjetunion (Armenien, Aserbaidschan und Tadschikistan) beobachtet werden (Epstein 2002).

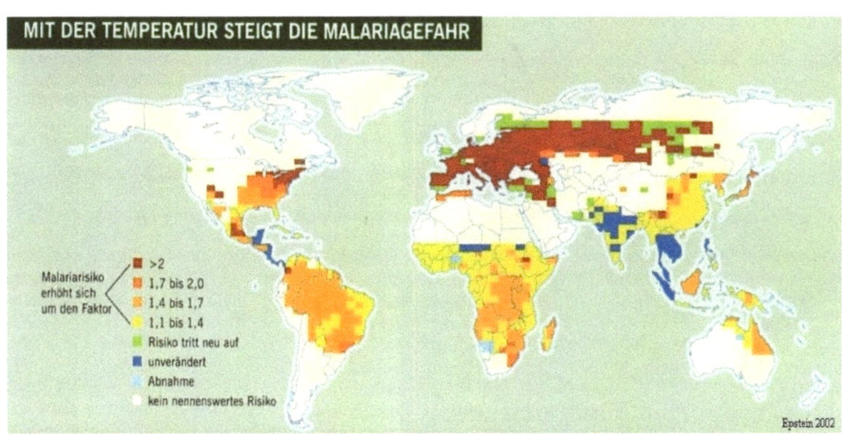

Abb. 11: Malariarisikoerhöhung bis zum Jahr 2020 im Verhältnis zu den Jahren 1960 bis 1990, bei einer Temperaturerhöhung um 1,8°C

Die Malaria Erreger („Plasmodium falciparum", „Plasmodium vivax", „Plasmodium ovale" und „Plasmodium malariae") werden über Stechmücken, genauer gesagt über die Anopheles Mücken übertragen. Es gibt weltweit 422 verschiedene Arten der Anopheles Mücke, wobei 70 davon Vektoren für Malaria sein können. Die Symptome der Krankheit sind Fieber, Schüttelfrost, Beschwerden des Magen- Darm- Trakts, Krämpfe, Kopfschmerzen und Blutarmut („Anämie"). Weltweit sterben daran täglich ungefähr 3.000 Menschen, meist Kinder unter ihrem fünften Lebensjahr. Das sind mehr als eine Millionen Tote pro Jahr. Außerdem werden jedes Jahr mehr als 400 Millionen Neuinfizierte gezählt (Internet 1).

Hauptgrund für die Annahme einer zukünftigen Verbreitung des Virus sind die Klimaprognosen für die kommenden Jahrzehnte. Das zunehmend wärmer werdende Klima schafft neue Lebensräume, da das Überleben der Krankheitsüberträger nur bei Temperaturen von über 8 bis 10 °C und das des Krankheitsauslösenden Erregers nur bei Temperaturen über 16 bis 19 °C gesichert ist (Internet 2). Außerdem erhöhen sich die Fortpflanzungschancen und die Fortpflanzungsaktivität bei 20 bis 30 °C. Ebenso hinzuzufügen ist, dass sich der Lebenszyklus des Parasiten mit zunehmender Hitze beschleunigt. Demnach benötigt der Krankheitserreger zum Beispiel bei 20 °C 26 Tage für seine volle Entwicklung, bei einer Temperatur von 25 °C hingegen nur 13 Tage. Da die Anopheles Mücken nur einige Wochen leben, nimmt die Wahrscheinlichkeit für eine mögliche Infektion bei steigenden Temperaturen zu, zumal sich der Parasit schneller entwickelt. Neben der Erwärmung fördert eine zunehmende Feuchtigkeit, die Vorraussetzung für Brutplätze ist, ebenso wie der anthropogene Eingriff der Mückenbekämpfung, der die Erreger gegen Medikamente und Pestizide zunehmend resistenter machen lässt, den Anstieg der Mückenpopulation.

Falls dann das Virus in neue Regionen eingeschleppt wird, findet es optimale Bedingungen vor und breitet sich aus. In diesem Zusammenhang konnte bis jetzt nicht nur eine horizontale, sondern auch eine vertikale Ausbreitung beobachtet werden. Aufgrund der Verschiebung der Frostgrenze in größere Höhen und dem Schmelzen der Gletscher auf den Gipfeln der Gebirge, ist die Grenze, oberhalb der Minusgrade herrschen, in den Tropen seit 1970 um fast 150 Meter gestiegen (Stand 2002). Die Stechmücken folgten mit gebührendem Abstand (Epstein 2002).

4. Präventionsmaßnahmen

Der Ausbreitung von Krankheiten in Folge des globalen Klimawandels, kann auf verschiedene Arten entgegengewirkt werden. Zum einen sollte man versuchen, die Ursachen für eine Verbreitung zu bekämpfen, zum anderen sollte man aber auch die Möglichkeit ergreifen, den Ausbruch einer Krankheit einzudämmen und somit die Folgen zu verringern.

4.1 Verlangsamung beziehungsweise Stabilisierung des Klimawandels

1992 legten über 160 Staaten der Vereinten Nationen in der Klimarahmenkonvention von Rio de Janeiro fest, eine Stabilisierung der atmosphärischen Treibhausgaskonzentrationen auf einem Niveau erreichen zu wollen, auf dem eine gefährliche anthropogene Störung des

Klimasystems verhindert wird. Darauf folgte im Dezember 1997 im Kioto-Protokoll von 159 Vertragsstaaten der Vereinten Nationen ein einstimmiger Beschluss zur Reduzierung der Treibhausgasemissionen (vor allem Kohlendioxid), um gegen den globalen Klimawandel langfristig vorzugehen. Dass gewisse Klimaänderungen unabwendbar sind, bezweifelt niemand mehr, trotzdem versucht man, den Schaden so gering wie möglich zu halten (Latif 2007). Die Reduzierung des Ausstoßes von Treibhausgasen wie Kohlendioxid und FCKW trägt einen großen Teil zum Klimaschutz bei. Allgemein sollte unter anderen auf eine massive Steigerung von Energiesparmaßnahmen gesetzt werden, indem die Entwicklung eines effizienteren Energienutzens und erneuerbarer Energien, wie zum Beispiel Sonnenenergie, vorangetrieben wird.

Ein weiterer Punkt um dem Klimawandel entgegen zu wirken, ist das Aufhalten der Walddezimierung besonders die des Regenwaldes. Die Rodungen der Wälder verursachen nämlich nicht nur einen Niederschlagsrückung, sondern auch einen Kohlendioxid Anstieg, da die Biomasse der Bäume Kohlenstoff enthält, der bei Brandrodungen oder anderen Formen der Zersetzung nach einer Rodung, etwa zu zwei Dritteln in die Atmosphäre abgegeben wird. Die Aufforstung von Wäldern oder das Anlegen neuer Feuchtgebiete hingegen hat zu Folge, dass Kohlendioxid durch dien Bindung von Kohlenstoff reduziert, überschüssiges Wasser zurückgehalten und Verunreinigungen aus dem Wasser gefiltert werden.

Außerdem bedingt ein Ende der Biomassenverbrennung (zum Beispiel Waldrodung) den Rückgang von Methanemissionen. Schon die Entstehung von Methan in Müllhalden kann entweder durch Recycling, durch Abfangen mittels bestimmter Vorrichtungen oder durch Müllverbrennung, welche man des Weiteren zur Energiegewinnung nutzen kann, vermieden werden. Weiter noch lässt sich das Entweichen von Methan aus Erdgaspipelines bei der Förderung und in anderen Bereichen der petrochemischen Industrie um ein Drittel senken (Houghton 1997).

Als letzte Maßnahme unter diesem Punkt ist noch eine Verminderung des Russpartikelausstoßes zu erwähnen. Dieser verstärkt den Aufheizungseffekt durch bodennahes Ozon. Seine Quellen sind überwiegend Diesel- und Biokraftstoffe, die aber alternative dazu durch Wasserstoff als Kraftstoff ersetzt werden können (Hansen 2006).

4.2 Direkte Maßnehmen gegen die Verbreitung von Krankheiten

Der Ausbau und die Verbesserung von Überwachungssystemen ist ein grundlegender Schritt, um auch in den Entwicklungsländern auf relativ finanziell schonende Weise den Ausbruch oder das Wiederaufflammen einer Infektionskrankheit oder die Vermehrung eines Vektors rechtzeitig zu erkennen. Diesbezüglich beugen Klimavorhersagen beispielsweise durch Satellitenaufnahmen vor. Cholerafördernde Algenblüten können oftmals schon über Sattelitenbilder, die zum Beispiel erhöhte Wassertemperaturen und üppige Vegetation großflächig veranschaulichen (siehe Abb. 12), und über Wasserproben aus Küstengewässern frühzeitig erkannt werden. Nach entsprechender Frühwarnung, ist noch genügend Zeit, um das Wasser zu filtern und die Behandlungskapazitäten zu erhöhen. Ebenso kann durch verlässliche Klimaprognosen beispielsweise die Überschwemmungsgefahr in bestimmten Regionen vorhergesagt werden.

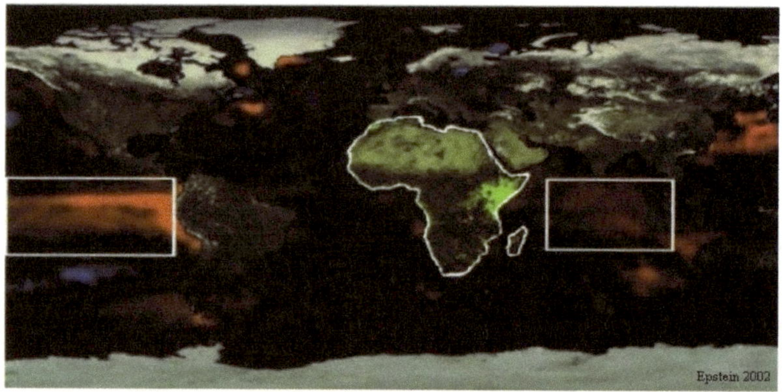

Abb. 12: Satellitenbild mit erhöhten Temperaturen der Meeresoberfläche (rot) und ungewöhnlich üppiger Vegetation (grün)

Wenn bevorstehende Krankheitsausbreitungen rechtzeitig erkannt werden, können Maßnahmen gegen eine Vermehrung des Vektors oder Vorbereitungen in der Bevölkerung wie zum Beispiel das Aufstocken von Notvorräten, getroffen werden. Vektoren wie die Stechmücken können entweder durch den Einsatz von Insektiziden, durch die Aussetzung natürlicher Fressfeinde oder aber auch durch einen Wegfall ihrer Brutplätze, das heißt die Vermeidung oder Abdeckung stehender Gewässer, dezimiert werden. Darüber hinaus wirken die Bereitstellung von Impfstoffen und Medikamenten, eine gute Öffentlichkeitsarbeit sowie die rasche Behandlung bereits Erkrankter Personen, ebenso gegen eine Ausbreitung von Krankheiten. Jedoch ist die Durchführung zuletzt genannter Maßnahmen gerade für die Entwicklungsländer, in denen die größte Gefahr zum Beispiel durch Malaria oder Cholera besteht, aufgrund der hohen Kosten kaum realisierbar (Epstein 2002).

5. Ausblick / Gefahreneinschätzung

Die Ausbreitung von Krankheiten infolge des globalen Klimawandels ist eine Gefahr, die auf keinen Fall unterschätzt werden sollte. Ihre Folgen sind momentan nur schwer abwägbar, da immer wieder neue Erkenntnisse den bisherigen Wissensstand erweitern. Dabei lässt die Komplexität unseres Ökosystems Erde sehr viele Faktoren eine Rolle spielen, welche die Schwierigkeit einer präzisen Modellierung erhöhen. Allerdings kann jetzt schon bewiesen werden, dass die anthropogen bedingte, globale Klimaerwärmung mit all ihren Auswirkungen die Hauptursache für ein vermehrtes Aufkommen bestimmter Krankheiten in einigen Regionen ist. Aufgrund der Trägheit unseres Klimas ist auch mit großer Wahrscheinlichkeit in naher Zukunft eher eine Verstärkung dieses Effektes zu erwarten. Dem kann man nur versuchen entgegenzuwirken, indem man mit global reichenden Reformen vor allem in der Industrie auf langfristiger Sicht Veränderungen herbeiführt.

Vor allem in den gemäßigten Breiten wird sich das Bild der einheimischen Krankheitserreger um einige tropische erweitern. Obwohl man dort größtenteils über die nötigen finanziellen Mittel verfügt, um sich dementsprechend darauf vorbereiten zu können, ist momentan noch unklar welche genauen Ausmaße die Verbreitung der Krankheiten annehmen wird und welche unvorhergesehenen noch hinzukommen werden. Aber auch die Regionen in Äquatornähe speziell einige Entwicklungsländer, werden sehr darunter leiden, zumal hier nicht die finanziellen Mittel gewährleistet sind und dadurch zum Beispiel schlechte Hygienebedingungen, die Krankheitsverbreitung eher fördern. Sicher werden auch manche Teile der Erde weniger betroffen sein, vielleicht kann sogar ein Rückgang mancher Krankheiten dort verzeichnet werden. Trotzdem sollte die gesamte Problematik nicht außer Acht gelassen und gemeinsam nach Lösungswegen gesucht werden. Eine Veränderung des Umweltbewusstseins der Bevölkerung sowie deren Repräsentanten ist dafür unabdingbar.

Quellenangaben

Literaturverzeichnis:

Houghton, J. (1997): Globale Erwärmung

Latif, M. (2007): Bringen wir das Klima aus dem Takt?

Alley, R.B. (2006): Das instabile Klima. In: Spektrum der Wissenschaft-Dossier, Heft 3, S. 6-13

Kohl, H. & Kühr, H. (2006): Klimawandel auf der Erde-die planetare Krankheit. In: Spektrum der Wissenschaft-Dossier, Heft 3, S. 24-31

Hansen, J. E. (2006): Lässt sich die Klima-Zeitbombe entschärfen?. In: Spektrum der Wissenschaft-Dossier, Heft 3, S. 32-40

Epstein, P. R. (2002): Krankheiten durch Treibhauseffekt. In: Spektrum der Wissenschaft-Dossier, Heft 1, S. 76-83

Gregory, J., Kohl, T. R. & Nicholls, N. (2002): Das Klima der Zukunft. In: Spektrum der Wissenschaft-Dossier, Heft 1, S. 6-11

Hackenbrock, V. (2007): Krankheit im Gepäck. In: Der Spiegel, Heft 18, S.152

Internetquellen:

Internet 1: http://lbs.hh.schule.de/welcome.phtml?unten=/klima/treibhaus/folgen-4.html
(Stand: 5.6.2007)

Internet 2: http://www.gsf.de/flugs/data2/flugs-Dateien/klima/hoeppe-end.pdf
(pdf- Malaria und Gelbfieber in Deutschland?) (Stand: 12.6.2007)

Internet 3: http://www.bayern.de/lfu//umwberat/index.html
(pdf- Bodennahes Ozon) (Stand: 5.6.2007)

Internet 4: http://www.maerkischeallgemeine.de/cms/beitrag/10906729/64289/
(Onlineartikel: Klimawandel fördert Allergien) (Stand: 13.6.2007)
Internet 5: http://www.rp-online.de/public/article/aktuelles/337975

(Onlineartikel: Klimawandel verstärkt Allergien) (Stand: 12.6.2007)
Internet 6: http://www.who.int/mediacentre/factsheets/fs107/en/ (Stand: 20.6.2007)

Internet 7: http://www.greenpeace.de/fileadmin/gpd/user_upload/themen/klima/ipcc3
abschwaechungen.pdf (Stand: 20.6.2007)

Internet 8: http://www.umweltbundesamt.de/uba-info-presse/hintergrund/IPCC_Kernaussaen.pdf
(Stand: 18.6.2007)

Internet 9: http://upload.wikimedia.org/wikipedia/de/e/ef/CHoleraverbreitungg_%28deutsch%29.PNG
(Stand: 13.6.2007)

Internet 10: http://uni-kiel.de/forum-erdkunde/unterric/material/einf_fe/ozonehole3d.gif
(Stand: 5.6.2007)

Internet 11: http://www.ehponline.org/docs/1995/103-12//world%20climate%20collage.GIF
(Stand: 7.6.2007)

Internet 12: http://www.landwirtschaft.zh.ch-internet-bd-aln-abtlw-de-news-2006 (Stand: 12.6.2007)

Internet 13: http://www.zecken.de/index.php?id=500 (Stand: 20.6.2007)